U0155442

哈哈哈！有趣的动物（第一辑）

竹节虫

〔法〕蒂埃里·德迪厄 著

大南南 译

CTB 湖南教育出版社

·长沙·

“通常情况下，如果我能很好地模仿竹节虫，那你就再也看不到我了。”

——永田达爷爷

这是灌木丛。

这是藏有竹节虫的灌木丛。

竹节虫可以
随意变换形状：

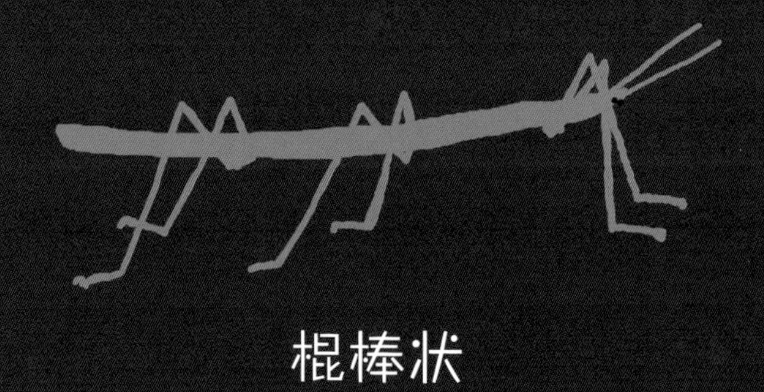

棍棒状

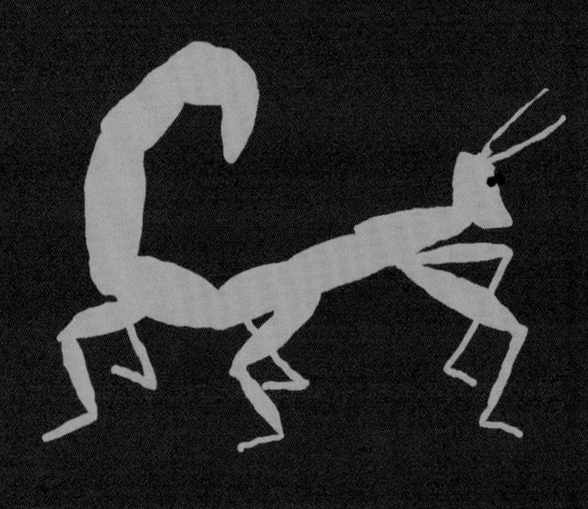

蝎子状

多刺状

树叶状

为了更好地隐藏自己，

竹节虫会改变自己的颜色。

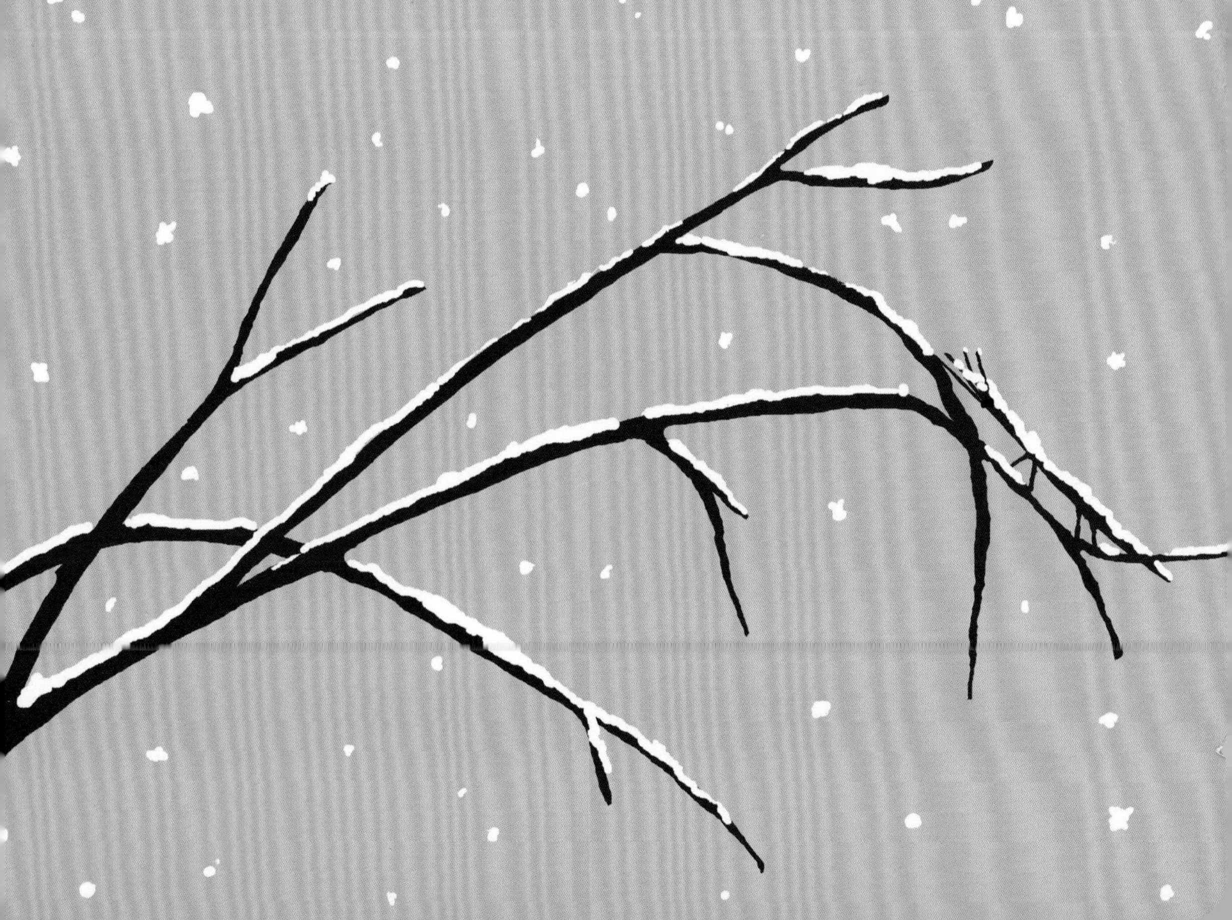

为了躲避天敌，
竹节虫会自己断肢。
这是动物的自切行为。

竹节虫可以连续几分钟一动不动，
装死。

“我总是怀疑
竹节虫是不是在跟我开玩笑。”

竹节虫白天休息。

晚上非常活跃。

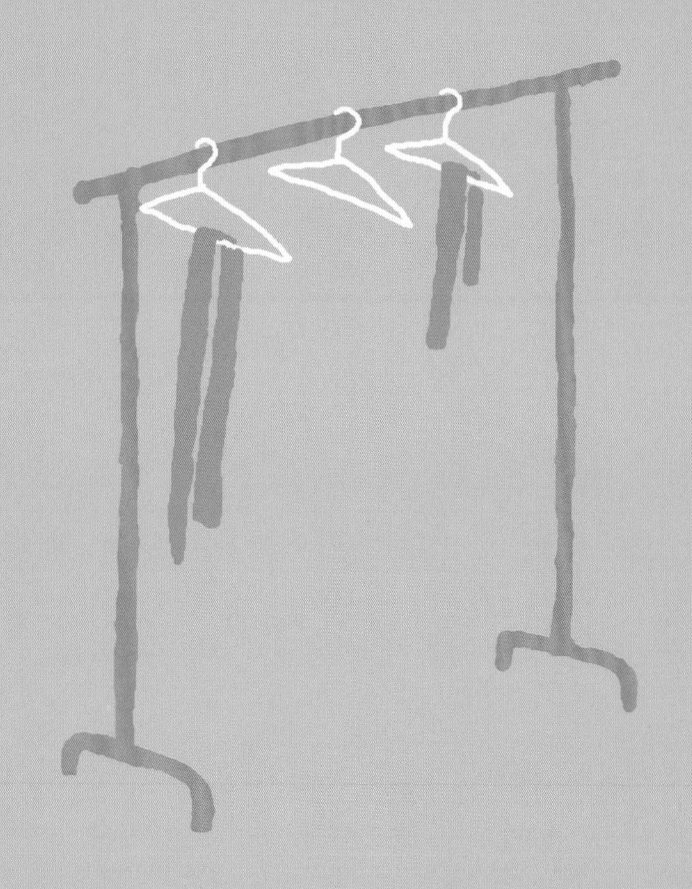

为了长大，
竹节虫必须“换衣服”。
我们称之为蜕皮。

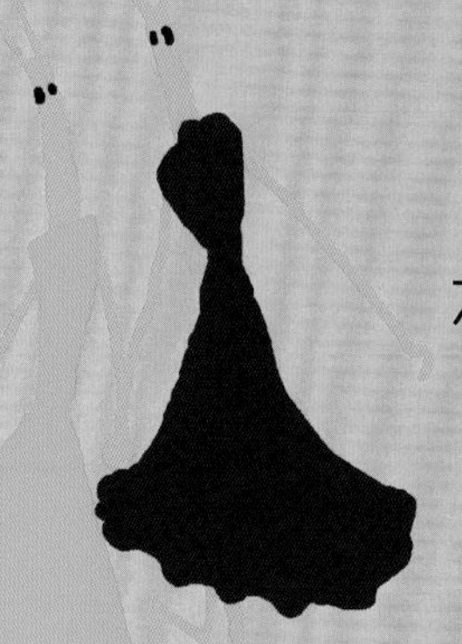

有些雌性竹节虫不需要雄性伴侣，
就可以生宝宝。
生的宝宝也是女孩。

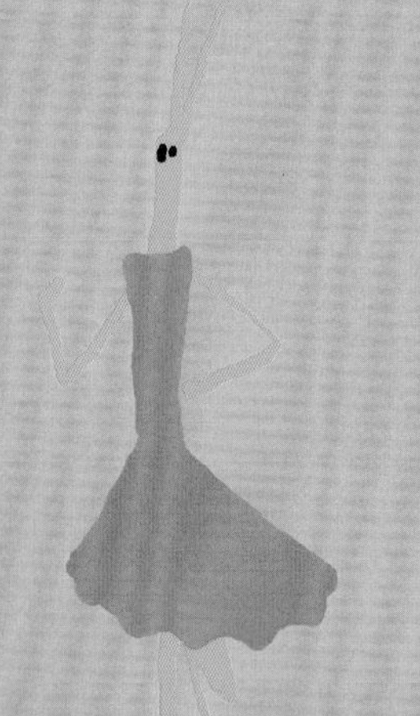

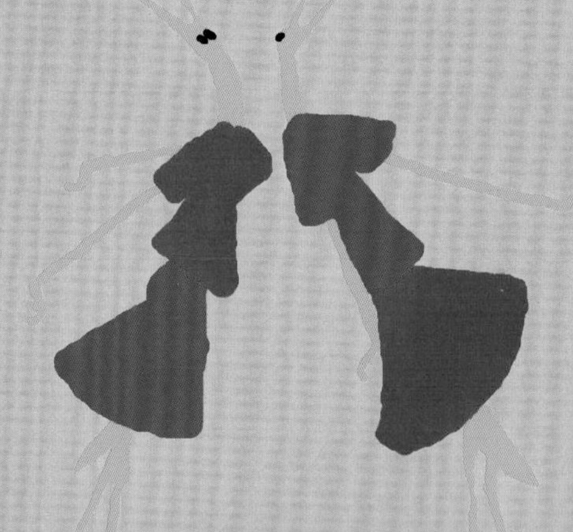

在大自然中，
竹节虫得躲开鸟类。

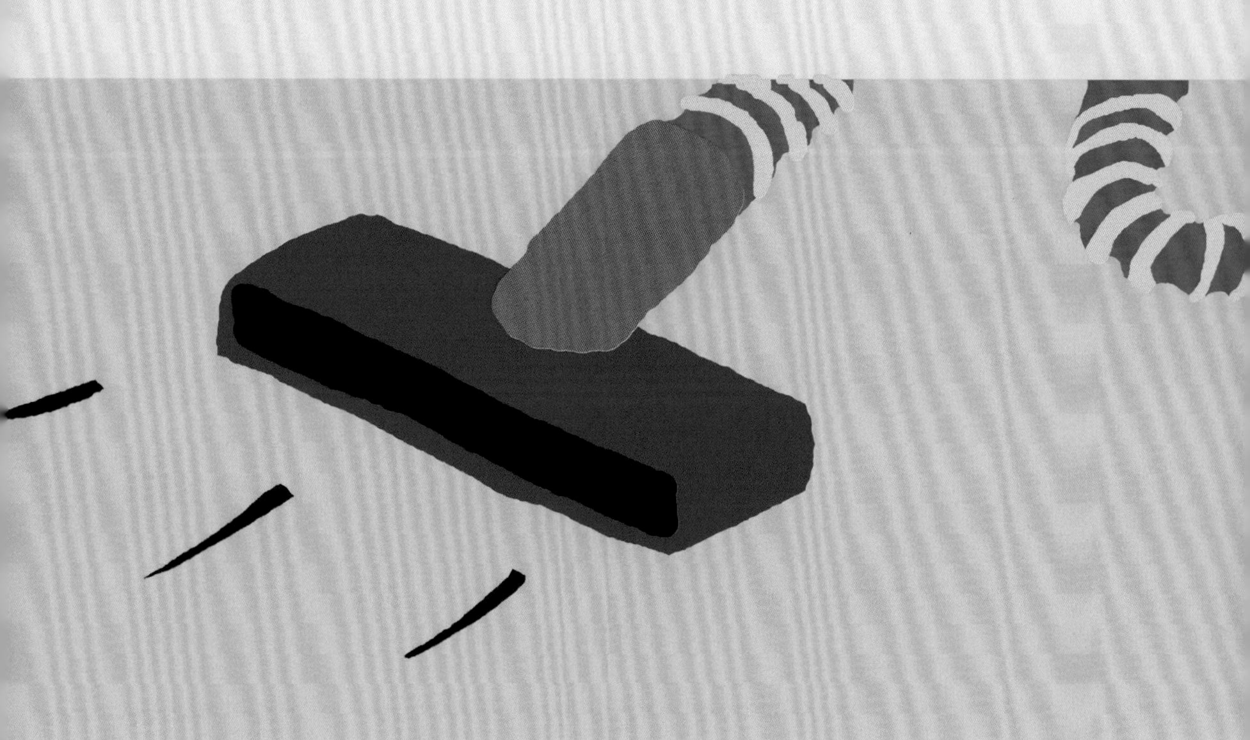

在家里，竹节虫最害怕的就不是鸟了。

“现在
你们还能
看到我吗？”

如何带着一岁的孩子读

《哈哈哈！有趣的动物》

一岁的孩子就能读科普书？

没错，因为这是永田达爷爷特别为低龄小朋友准备的启蒙科普书。家长们会发现，这本书的文字量很少，画面传递的信息非常精简，但是非常有趣，特别适合爸爸妈妈跟孩子进行亲子阅读。

赶紧和孩子一起打开这本《竹节虫》，跟着永田达爷爷一起来观察竹节虫吧！

翻开这本书之前，可以跟孩子一起玩一个“躲猫猫”的游戏。然后翻开书，告诉孩子竹节虫就是“躲猫猫”的高手，它不仅能改变自己身体的形状，还能改变身体的颜色，不让敌人发现它。万一被敌人发现了，竹节虫也有自己的保命方法，一是装“死”，二是切断自己的肢体。要“手”还是要“命”，这个问题竹节虫可是想得非常清楚。跟很多昆虫一样，竹节虫每隔一段时间就要“换衣服”。有些雌性竹节虫不需要雄性伴侣就可以生宝宝。竹节虫白天睡觉，晚上出来活动，问问孩子知不知道还有什么动物也是这样的。

图书在版编目（CIP）数据

哈哈哈！有趣的动物. 第一辑. 竹节虫 / （法）蒂埃里·德迪厄著；大南南译. —长沙：湖南教育出版社，2022.11

ISBN 978-7-5539-9284-6

Ⅰ. ①哈… Ⅱ. ①蒂… ②大… Ⅲ. ①竹节虫目－儿童读物 Ⅳ. ①Q95-49

中国版本图书馆CIP数据核字（2022）第190750号

HAHAHA! YOUQU DE DONGWU DI-YI JI ZHUJIECHONG

哈哈哈！有趣的动物 第一辑 竹节虫

责任编辑：姚晶晶 陈慧娜 李静茹
责任校对：王怀玉
封面设计：熊 婷
出版发行：湖南教育出版社（长沙市韶山北路443号）
电子邮箱：hnjycbs@sina.com
客服电话：0731-85486979
经 销：湖南省新华书店
印 刷：长沙新湘诚印刷有限公司
开 本：787 mm × 1092 mm 1/16
印 张：1.75
字 数：10千字
版 次：2022年11月第1版
印 次：2022年11月第1次印刷
书 号：ISBN978-7-5539-9284-6
定 价：152.00 元（全8册）